ちいかわ おかねのドリル

入学準備～小学1年

もくじ

かおう！

いこう！

巻末 とじこみ

ちいかわ おかねカード

くまさんポシェットふう さいふ

おかね・おかいもの すごろく サイコロカード

2マス すすむ　3マス すすむ

コマ

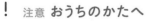

！ 注意 おうちのかたへ

●紙で手を切ることがあります。取り扱いに注意してください。

●41ページ、45ページのカードを切り取ったり、巻末の「くまさんポシェットふう さいふ」の工作をするときは、必ずそばにいて手伝うようにしてください。

※本書では2000円札は扱っていません。

※おかねカードの紙幣は、2024年から発行予定の新紙幣を参考にしています。流通が始まったら、ぜひ実際のお札を見て、違いや特徴を確認してみてください。

ちいかわ キャラクター しょうかい

なんか ちっちゃくて かわいいやつ「ちいかわ」と
なかまたちを しょうかい するよ!

うさぎ
「ウラ」「ヤハ」など
おおきいこえで はなす。

ちいかわ
ちょっと なきむし だけど
ともだちおもいで やさしい。

ハチワレ
ちいかわの しんゆう。
あかるくて ポジティブ。

ラッコ
つよくて たのもしい。
ちいかわたちの
あこがれの そんざい!

モモンガ
いつも かわいこ
ぶっている。いろんな
ことを おねだりする。

くりまんじゅう
かわいいけど しぶい。
グルメで めんどうみが
いい。

シーサー
ラーメンの鎧さんの
じょしゅ。べんきょう
ねっしん。

ラーメンの鎧さん
ラーメンやさん「郎」の
てんしゅを している。

ポシェットの鎧さん
ポシェットや パジャマを
つくって うっている。やさしい。

ろうどうの鎧さん
みんなに おしごとを
しょうかい している。

ちいかわたちの くらし

ちいかわたちの せかいには たのしいことや ふしぎなことが たくさん あるよ!

みんなで おしごと

ちいかわたちは はたらいた ほうしゅうで くらしているよ。

おしごとの ことを「ろうどう」と よぶよ。くさむしりも ろうどうの ひとつ。

ショ……ンショ……

ムシッ

ヤーッ!!!

こわいやつを たおす「とうばつ」は じゅうような ろうどう。

ンショ…

ペタ

レモンに ぺたぺた。シールはりの ろうどう。

お疲れさん

アゥ!

この ふくろに ほうしゅうが はいっている!

ろうどうを すると 鎧さんから ほうしゅうが もらえるよ。ちいかわの せかいでは ほうしゅうは とっても たいせつ。

たべることが だいすき!

ほうしゅうで おいしいものを かって たべるのが ちいかわたちの おたのしみ!

タコさんウインナーが おおきく なっちゃった! ちいかわの せかいは ふしぎが いっぱい。

これって「アート」?

ニコッ

ラーメンやさん「郎」の ラーメンを たべる ちいかわたち。おいしそうだね。

おかねを つかうのは こんなとき！

ほしいものを かうときや おいしいものを たべるとき。
ほんを かうときや あそんだり りょこうするとき などに
おかねが ひつようだよ。
おかねが ものや ちしきや たいけんに かわるんだね！

あそぶ

りょこう

ヤハ

ンショ

行きたいトコ…付箋(ふせん)貼(は)っとこ!!

ゲーム（げえむ）

ゲームセンター

カラオケ（からおけ）

Ah ——— …♫

おかねは どうしたら てに はいる?

しごとを すると もらえるのが 「おかね」。
だれかの やくにたつと もらえるよ。ちいか
わの おはなしでは しごとは 「ろうどう」
もらう おかねは 「ほうしゅう」と いう。
おてつだいを したときに もらう おこづか
いも ほうしゅうの ひとつだよ。

労働（ろうどう）

ガラッ

ガラッ

おかねの しゅるい

おかねは こうか（コイン）と
しへい（おさつ）に わかれていて
それぞれに すうじが かかれて いるよ。

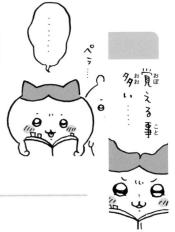

こうか（コイン） まるい おかねのことで 6しゅるい あるよ。
あなが あいている こうかも あるね。

1えんだま

おもて　　　うら

5えんだま

おもて　　　うら

10えんだま

おもて　　　うら

50えんだま

おもて　　　うら

100えんだま

おもて　　　うら

500えんだま

おもて　　　うら

しへい（おさつ）

かみの おかね。
こうかより おおきな
すうじだよ。

おうちのかたへ

お金の種類を覚えたら、金額を声に出して読んでみましょう。また、本物の紙幣や硬貨と比べて、違うところも確認してみましょう。

1000 えんさつ
（せん）

おもて　　　　　　　　うら

5000 えんさつ
（ごせん）

おもて　　　　　　　　うら

10000 えんさつ
（いちまん）

おもて　　　　　　　　うら

おかねの しゅるい テスト！

したの おかねの なまえと かたちを みて
⬡や▢に おかねカードを おこう。

こうか（コイン）

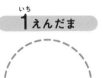
1えんだま

5えんだま

10えんだま

50えんだま

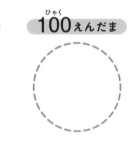
100えんだま

500えんだま

1000えんさつ

しへい（おさつ）

5000えんさつ

10000えんさつ

おかねの しゅるい クイズ

○に こたえの おかねカードを おいて
□ に すうじを かこう。

クイズ1

ちいかわの ポシェットに
10えんより おおきくて
100えんより ちいさい
おかねが 1まい
はいっているよ。
いくらの こうかかな?

  えんだま

クイズ2

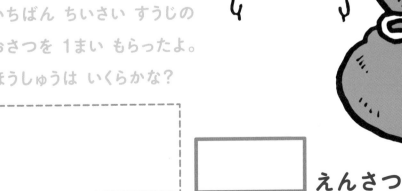

ハチワレは ほうしゅうで
いちばん ちいさい すうじの
おさつを 1まい もらったよ。
ほうしゅうは いくらかな?

えんさつ

おうちのかたへ
お金の種類がわかってきたら、お金の大小を覚えてみましょう。
数字の書き方もいっしょに練習するといいですね。

おかねさがし ゲーム！

したの えのなかに おかねが かくれて いるよ。

❶ みつけたら その おかねカードを
みぎの ページの ◯ や □ におこう。

❷えに かくれた おかねカード^{か ぁ ど}を おいたら
したの ☐に きんがくの すうじも かいてみよう。

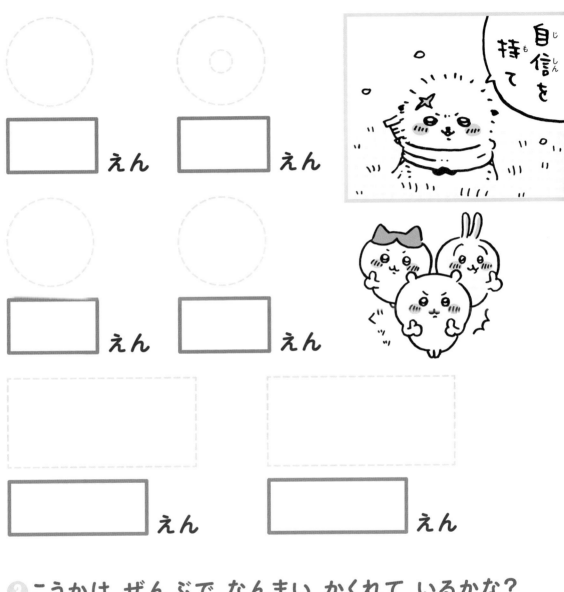

☐ えん　　☐ えん

☐ えん　　☐ えん

☐ えん　　☐ えん

❸こうかは ぜんぶで なんまい かくれて いるかな?

こうかの おかねは ぜんぶで ☐ まい

おうちのかたへ
硬貨やお札のデザインや数字をよく見ることで、違いをしっかり理解することができます。
❸の硬貨の枚数がわかったら、「紙のお金は全部で何枚かくれている?」「シルバーのコ
インは何枚あるかな?」など、問題を変えて聞いてみるといいでしょう。

おなじ きんがくの おかね

いろいろな こうかや しへいで
おなじ きんがくを あらわす ことが できるよ。

 =

5えんだま1まい　　　　　　　1えんだま5まい

10えん

 =

10えんだま1まい　　5えんだま2まい

50えん

 =

50えんだま1まい　　　　10えんだま5まい

100えん

 =

100えんだま1まい　　50えんだま2まい

500えん

 =

500えんだま1まい　　　　100えんだま5まい

おうちのかたへ

このページで数の繰り上がりや位が学べます。これらのパターンだけでなく、同じ金額になる組み合わせをいろいろ考えてみましょう。

1000えん

 =

1000えんさつ1まい　　　　500えんだま2まい

5000えん

 =

5000えんさつ1まい

1000えんさつ5まい

10000えん

 =

10000えんさつ1まい

5000えんさつ2まい

おなじ おかねに しよう ①

おかねとおかね

ひだりの おかねと おなじに なるように
おかねカード を みぎの ◯ や ⬜ において
⬜ に すうじを かいて みよう。

 =

10えんだま1まい

1えんだま
⬜ まい

 =

100えんだま1まい

えんだま
2まい

 =

500えんだま1まい

⬜ えんだま
5まい

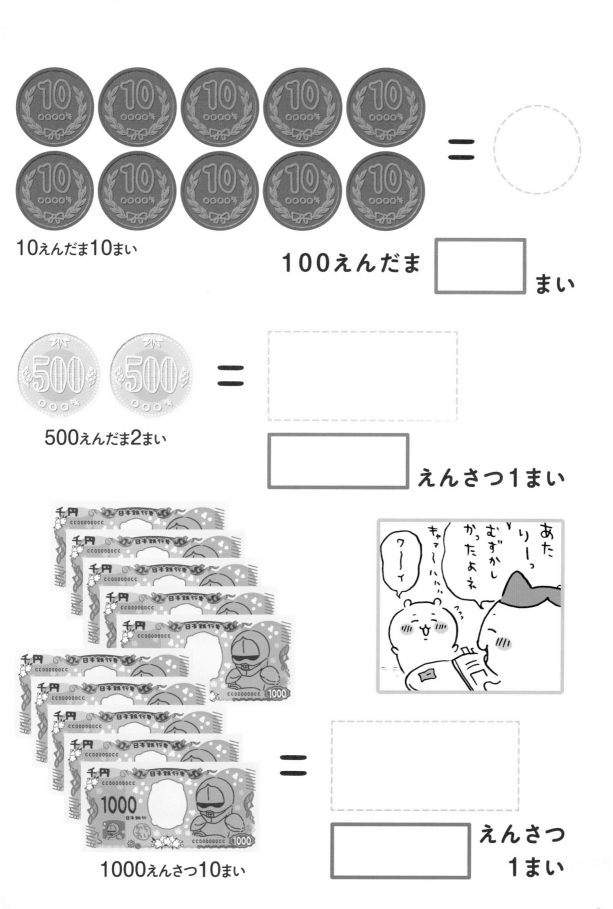

10えんだま10まい

100えんだま [　　] まい

500えんだま2まい

[　　　　] えんさつ1まい

1000えんさつ10まい

[　　　　] えんさつ 1まい

おなじ おかねに しよう②

しなものとおかね

ラッコは きっさてんへ いって
1000えんの パフェを たべたよ。

❶したの トレイの ⌐ ̄ ̄¬ に
1000えんの おかねカードを おいて しはらいを しよう。

きっさメニュー

シュークリーム　300えん
ウインナーコーヒー　450えん
アイスクリーム　500えん
かためプリン　700えん
クリームソーダ　800えん
いちごパフェ　1000えん
　↖おすすめ

しはらいの トレイ
↓

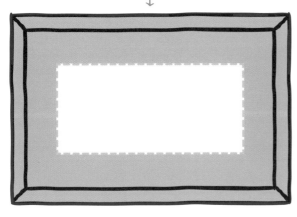

いちごパフェ　1000えん

❷ したの メニューと おなじ おかねの ■ と ★を せんで むすぼう。

シュークリーム　300えん

かためプリン　700えん

クリームソーダ　800えん

おうちのかたへ

数字の読み方と書き方を覚えたら、数字を見てお金カードを出す練習をしましょう。実際に「○○をお願いします！」と注文するごっこ遊びをしてもいいですね。

おおきい おかねは どっち？

ハチワレは カメラを かうために ろうどうを するよ。
スタートから すすんで わかれみちでは
きんがくの おおきい おかねを えらぼう。
ゴールには カメラが まっているよ！

りょうがえ いちらん ひょう

「りょうがえ」は しゅるいが ちがう おかねを
おなじ きんがくで こうかんする ことだよ。
いろいろな おなじ きんがくの くみあわせを おぼえよう!

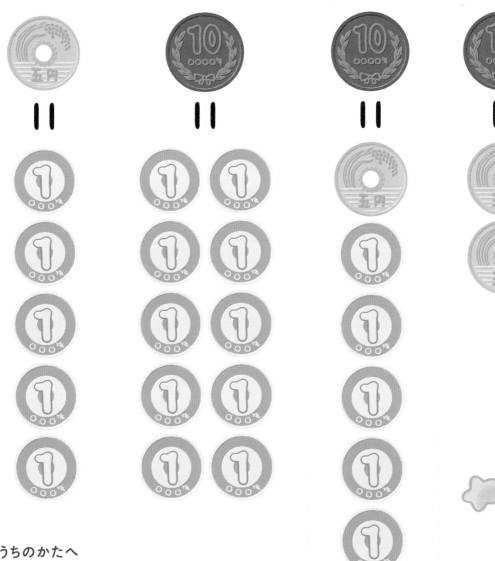

おうちのかたへ

同じ金額になる硬貨の組み合わせを一覧表にしました。10
の合成と分解は繰り上がり、繰り下がりの計算にも役に立ち
ます。お金カードでたくさん組み合わせを作ってみましょう。

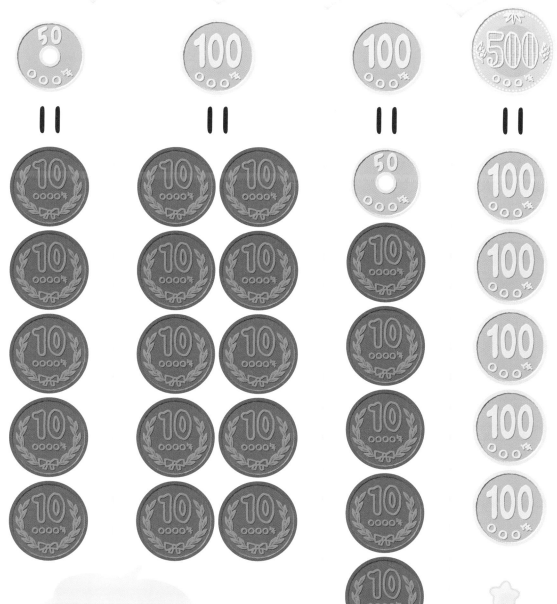

100えんだま 1まいは
10えんだま 10まいと
りょうがえ できる!

パンやさんで パンを かう!

ちいかわたちは パンを かいに きたよ。
ねふだに かかれた きんがくの おかねカードを
◯に おいて パンを かおう。

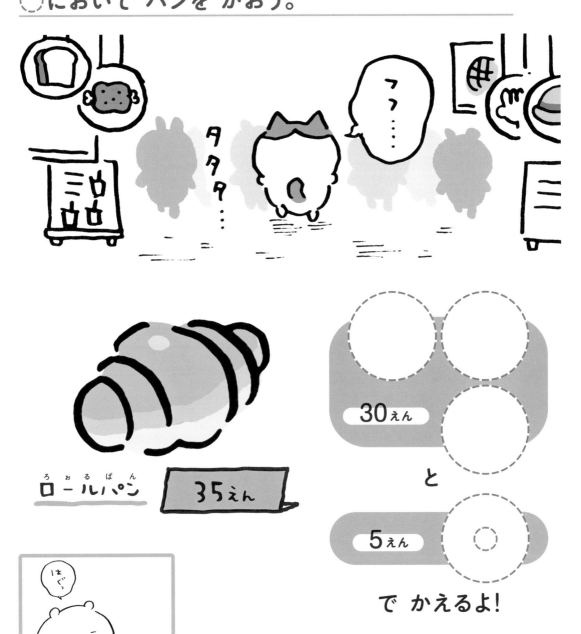

ロールパン

35えん

30えん

と

5えん

で かえるよ!

おうちのかたへ
買い物をするときは、いろいろなお金を組み合わせて支払うことが多い
ですよね。まずは、硬貨の種類ごとにわけて考えてみましょう。

しょくパン
70えん

50えん と 20えん で かえるよ！

いもむしパン
152えん

100えん と 50えん と 2えん で かえるよ！

あわせて いくらかな？

❶ あわせて いくらかな？ おかねカード（かぁど）を ◯ におこう。

ふうせんは
50えん

あめは
11えん

<れい>

あわせて いくらかな？

えんぴつは
100えん

ふるほんは
200えん

あわせて いくらかな？

❷ おかねカードを ◯ において □ に あわせた すうじを かこう。

シールは
250えん

はさみは
300えん

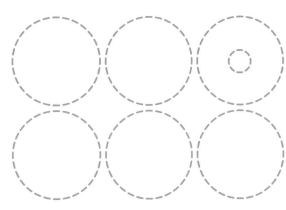

あわせて いくらかな？　□ えん

プリンは
210えん

のむヨーグルトは
155えん

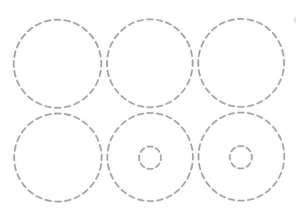

あわせて いくらかな？　□ えん

おうちのかたへ

最初は一品ずつお金カードを並べて、指差しでいっしょにお金を数えてみましょう。お買い物ごっこのように楽しく取り組んでみてください。

いくらかな？ あみだくじ

❶ したに ならんでいる ものは
100えん・300えん・500えん だよ。
どれが いくらか よそうして □ にかこう。
あみだくじを たどると せいかいが わかるよ。

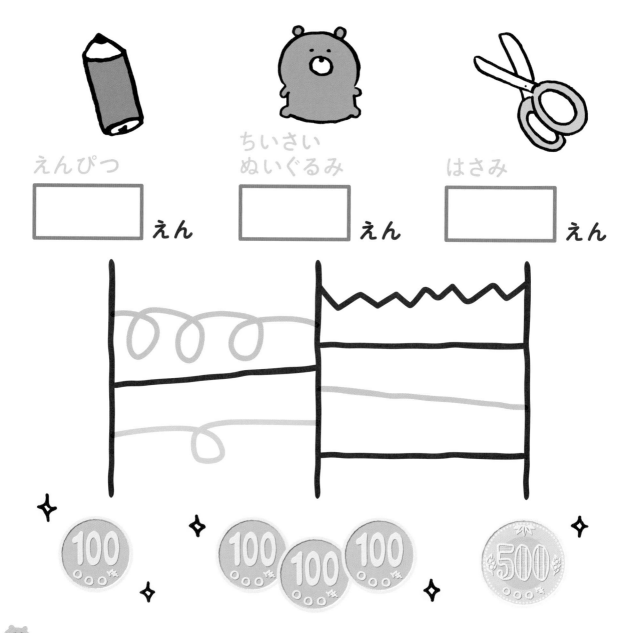

えんぴつ

□ えん

ちいさい
ぬいぐるみ

□ えん

はさみ

□ えん

おうちのかたへ
生活まわりの商品のだいたいの価格を知ることができます。実際の価格は、地域や
お店などで異なります。お店に行っていっしょに調べてみるのもいいですね。

❷ したに ならんでいる ものは

1000えん・3000えん・5000えん だよ。

どれが いくらか よそうして □ にかこう。

あみだくじを たどると せいかいが わかるよ。

わぎゅうステーキ　　　　パジャマ　　　　　　かびん

□ えん　　　　　□ えん　　　　　□ えん

おかいものを しよう！

ちいかわと ハチワレ（はちわれ）は おかいものに いったよ。
したの しなものが かえる ちょうどの おかねは
みぎの どれかな？　□に すうじを かこう。

めざましどけい

〈れい〉

3

2200えん

鎧（よろい）さんへの プレゼント（ぷれぜんと）

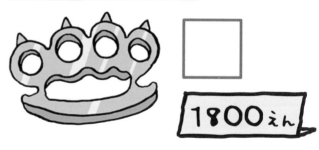

□

1800えん

とうばつぼう

□

3500えん

クッキー（くっきい）

□

650えん

1

2

3

4

おうちのかたへ

2200円は1000円札2枚と100円玉
2枚を足した合計、ということを理解で
きれば、足し算の計算式を具体的にイ
メージできるようになります。

やたいで いろいろ かおう!

ちいかわと ハチワレ（はちわれ）は やたいに きたよ。

❶ おかねカード（かぁど）を ◯ において たべものを かおう。

ちいかわは たこやきを かったよ。

600えん

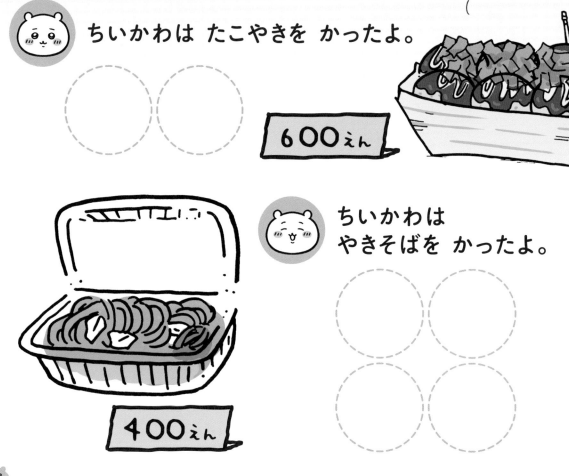

ちいかわは
やきそばを かったよ。

400えん

 ちいかわと ハチワレは
かきごおりを かったよ。

シロップ
ビタビタ てチゴ

氷

350えん

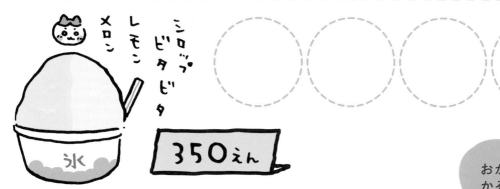

シロップ
ビタビタ
レモン
メロン

氷

350えん

おかねカードを
かぞえてみよう

ここまで それぞれが たべたものの ごうけいきんがくを □ に かこう。

  えん    えん

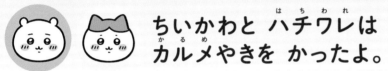 ちいかわと ハチワレは
カルメやきを かったよ。

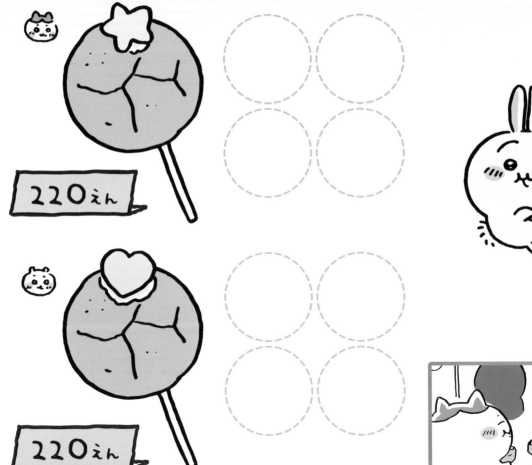

220えん

220えん

ちいかわは
いちごあめを かったよ。

170えん

32〜33ページの それぞれの ごうけいきんがくを ☐ に かこう。

☐ えん　☐ えん

❷ まえの ページと あわせて それぞれ いくら おかねを
つかったかな?
おかねカードを ならべて かぞえても いいよ。

☐ えん　☐ えん

❸ どちらが おおきな きんがくの
おかねを つかったかな?
かおを 〇で かこもう。

ラーメンを たべに いこう！

ちいかわたちは ラーメンを たべに
「郎」へ いったよ。

❶ラーメンは 1ぱい 800えん。
ちょうどの おかねカードを
◯に おいて しはらいを しよう。

しはらいのトレイ
↓

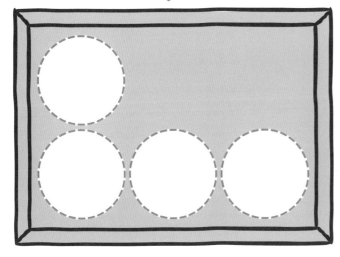

ニンニク
カラメで!!

800えん

おうちのかたへ
ちょうどのお金で支払うこと
に慣れたら、大きなお金で
支払って「おつり」をもらう
練習をしましょう。おつりの
考え方も、お金カードを使う
とわかりやすいです。

ニコッ

34

②うさぎは 1000えん もって いるよ。

ラーメンの おかねを しはらったら のこりは いくらかな?

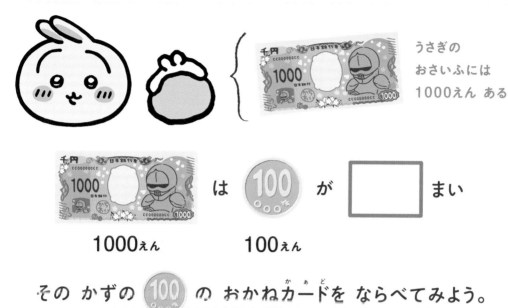

うさぎの
おさいふには
1000えん ある

1000えん　　　　　　100えん

1000えん　　　　　　100えん

は　 100 が [　　　] まい

その かずの 100 の おかねカードを ならべてみよう。

ならべたものから 800えんぶんの おかねカードを とろう。

800えんは 100 の おかねカードが [　　　] まい

のこった 100 は [　　　] まい

> 1000えんで
> はらった ときの
> 「おつり」だよ!

のこりは [　　　] えん

❸ちいかわと ハチワレは おかねを あわせて はらったよ。
2はいぶんの ラーメンの きんがくは いくらかな?
したの おかねカードを かぞえて □ に すうじを かこう。

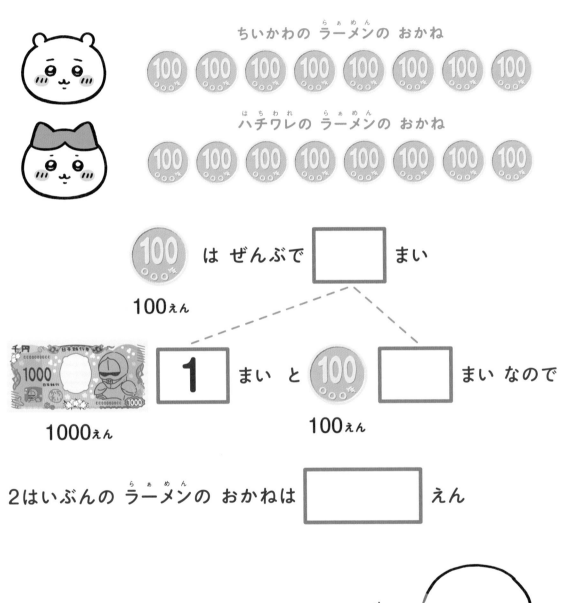

ちいかわの ラーメンの おかね

ハチワレの ラーメンの おかね

100 は ぜんぶで □ まい

100えん

1 まい と 100 □ まい なので

1000えん   100えん

2はいぶんの ラーメンの おかねは □ えん

おうちのかたへ
10枚ごとに区切ったり、数字を書き込んだり
すると数えやすいです。100円の合計枚数
を書き入れたら、1000円分を1000円札1
枚に替えてあげましょう。

いい おかねの はらいかたは どれ？

おみせに いったときの おかねの はらいかた だよ。
いいもの ぜんぶの ☐ に ○を かこう。

☐ てんいんさんに
いわれたら はらう。

☐ きんがくを
かくにんして はらう。

☐ れつを むしして
はらう。

☐ ありがとうと いって
はらう。

たりない おかねは いくら?

① おさいふの おかねが 100えんに なるように
◯に おかねカードを おこう。

おかねを
おとしたら
たいへん!

❷くだものを 500えんぶん かいに きたよ。
ちょうど 500えんに なるように ◯に
おかねカードを おこう。

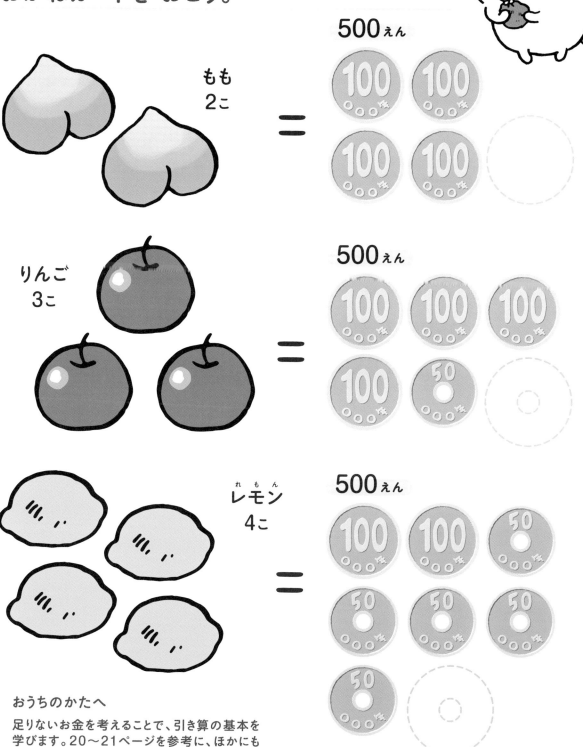

もも
2こ

500えん

りんご
3こ

500えん

レモン
4こ

500えん

おうちのかたへ
足りないお金を考えることで、引き算の基本を
学びます。20〜21ページを参考に、ほかにも
100円、500円になるコインの組み合わせを
いろいろ考えてみるといいでしょう。

スーパーで おかいものを しよう!

スーパーマーケットへ かいものに きたよ。つぎの ページの
「ちいかわ おかいものカード」を きりとろう。

❶ てんいんさんと おきゃくさんに わかれて おかいものごっこを しよう。

おかいものごっこの やりかた

1. 「ちいかわ おかいものカード」を きって テーブルなどに ならべよう。

2. おきゃくさんは おかねカードを ふろくの「くまさんポシェットふう さいふ」に いれよう。

3. おきゃくさんは かいたいものを てんいんさんに みせて
   カードに かかれた きんがくの おかねカードを はらおう。

4. てんいんさんは きんがくを かくにんして うけとろう。おつりが あるときは わたそう。

ちいかわ おかいものカード

----で きれいに きりとろう。
はさみを つかうときは おうちのひとに てつだって もらってね。

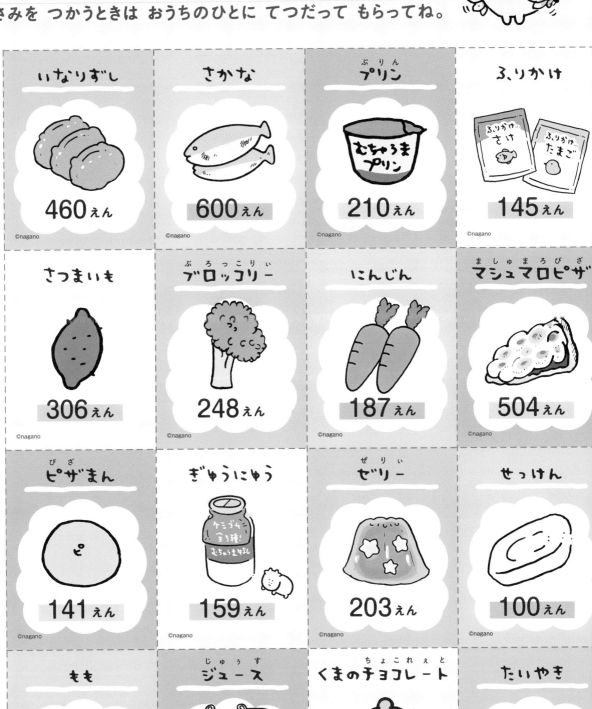

いなりずし	さかな	プリン	ふりかけ
460えん	600えん	210えん	145えん

さつまいも	ブロッコリー	にんじん	マシュマロピザ
306えん	248えん	187えん	504えん

ピザまん	ぎゅうにゅう	ゼリー	せっけん
141えん	159えん	203えん	100えん

もも	ジュース	くまのチョコレート	たいやき
500えん	240えん	300えん	152えん

キリトリ

おうちのかたへ

お買い物ごっこはお金の練習に最適です。金額の大小を安い、
高いと表現することも伝えましょう。複数の足し算をしてみたり、
おつり当てゲームをしたりして、楽しく学んでください。

❷ 「プリン」と「ブロッコリー」と「ゼリー」の
おかいものカードを やすいものの じゅんに ならべよう。

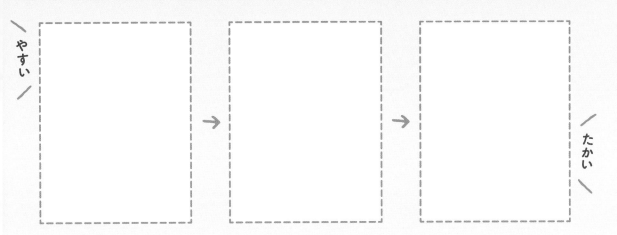

❸ 「にんじん」と「さつまいも」は あわせて いくら?
おかねカードを おいて □ に きんがくを かこう。
おつりの きんがくも □ に かこう。

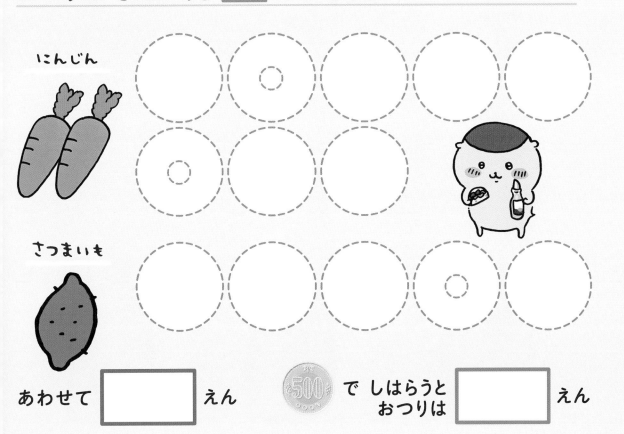

にんじん

さつまいも

あわせて ☐ えん   500 で しはらうと
おつりは ☐ えん

ほうしゅうを もらおう!

ちいかわたちは ろうどうを すると もらえる
ほうしゅう (おかね) で くらして いるよ。

① ちいかわたちが した ろうどうは どれかな?
　　　　を よんで ● と ★ を せんで むすぼう。

すわってできる ろう
どうだよ。ていねい
さが もとめられる。

からだを うごかす
ろうどう だよ。てきを
たおすと せいこう。

そとで おこなう ろ
うどう だよ。こんき
づよさが ひつよう。

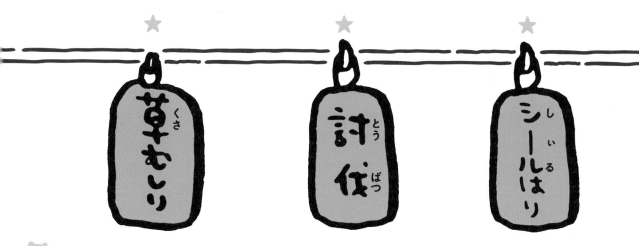

❷ おうちの おてつだいを して ほうしゅう（おこづかい）を もらおう！

「ちいかわ おてつだいプレート」のつかいかた

1. したの「おてつだいプレート」を ---- で きりとろう。

2. おうちのひとと はなしあって おてつだいの ほうしゅうを きめたら（　　　）に きんがくを かこう。なにも かかれて いない プレートは じゆうに つかってね。

3. おうちのひとから「おてつだいプレート」を わたされたら かかれた ろうどうを しよう。 ほうしゅうが ほしいときは じぶんから わたしても いいよ。

4. ろうどうを したら ほうしゅうを もらおう！

ちいかわ おてつだいプレート

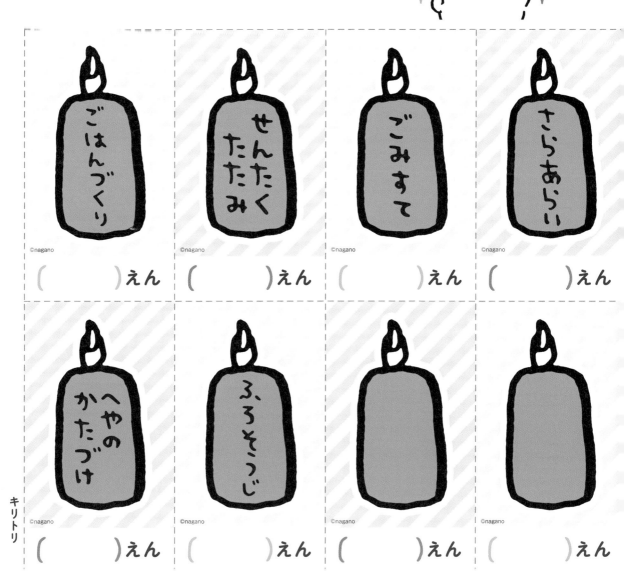

ごはんづくり （　　　）えん

せんたくたたみ （　　　）えん

ごみすて （　　　）えん

さらあらい （　　　）えん

へやのかたづけ （　　　）えん

ふろそうじ （　　　）えん

（　　　）えん

（　　　）えん

キリトリ

おうちのかたへ

ちいかわたちの「労働」から、いろいろな仕事があることを学びます。お金（報酬）は労働の対価であると同時に、感謝の対価でもあります。お手伝いをして、誰かの役に立って報酬をもらえるという体験ができます。

ろうどうの ために いいことは どれ？

ろうどうを するときに いいことは どれかな？
いいもの ぜんぶの ☐ に ◯を かこう。

☐ よくできる ひとに
　おしえて もらう。

☐ しかくの
　べんきょうを する。

☐ ときどき
　いきぬき する。

☐ たいへんな ときは
　たすけあう。

おかねを ためて みよう!

ちいかわたち みたいに ほしいものを かうために
おかねを ためて みよう。まえの ページの
おてつだいプレートなどで おかねを もらったら
みぎの ぬりえで ちょきんに チャレンジ!

にぃ……

さんしぃ……

おかねが たまったら なにに つかおう?

よういするもの

☆ ちょきんばこ
☆ ねずみいろ または
　くろの いろえんぴつ
☆ ピンクの いろえんぴつ

おてほん

＜ぬりかたのれい 1＞

ちょきんばこに 50えんを いれたら
「50」の すうじが かかれた マスを お
てほんの いろで ぬろう。

＜ぬりかたのれい 2＞

ちょきんばこに 130えんを いれて
「100」と「20」と「10」の すうじが か
かれた 3つの マスを ぬっても いい。

ぬりかた

ポシェットの 鎧さんは ねずみいろ。いろえん
ぴつの ねずみいろが なければ くろを うすく
ぬろう。すきないろで ぬって じぶんだけの
鎧さんを かんせいさせても いいね!

ポシェットの鍵さん ちょきんぬりえ

ぬりえに かかれた すうじの きんがくの おかねを ちょきんばこに いれたら
その マスを ぬろう。ぜんぶ ぬりおわると 1000えん たまるよ!

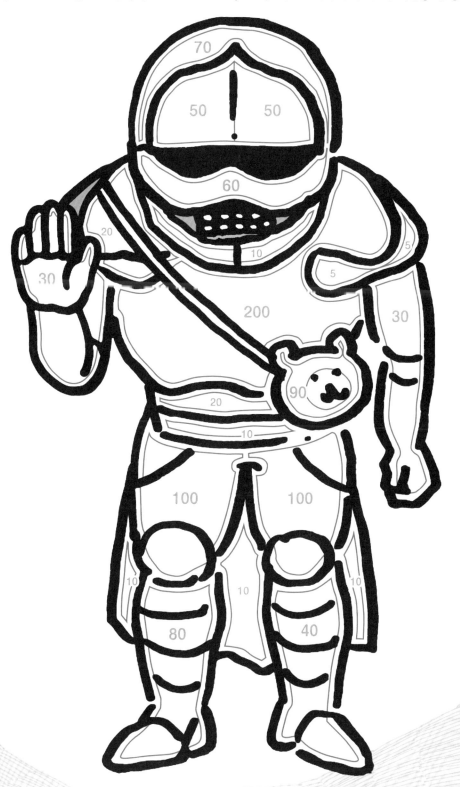

おかね・おかいもの すごろく！

すごろくゲームだよ。したの あそびかたを よんで
ゴールを めざそう！

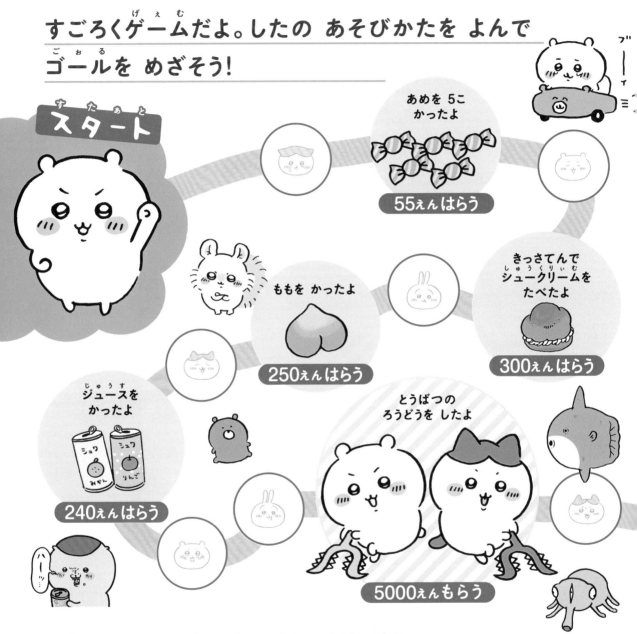

スタート

あめを 5こ
かったよ

55えん はらう

ももを かったよ

250えん はらう

きっさてんで
シュークリームを
たべたよ

300えん はらう

ジュースを
かったよ

240えん はらう

とうばつの
ろうどうを したよ

5000えん もらう

「おかね・おかいもの すごろく」の あそびかた

☆ ふたりで あそぼう。おかねを だしいれ する ひとが ほかに いても いいよ。

1. あつがみふろくの コマと サイコロカードを きりとる。コマは おって たてて つかおう。

2. おかねカードを ひとり1000えん （500えんだま 1まいと 100えんだま 5まい）ずつ
もとう。のこりの おかねカードは ちかくに まとめて おく。

3. じゅんばんに サイコロカードを なげて でたすうじのぶん コマをすすめる。

「郎」で ラーメンを たべたよ

800えん はらう

りょうりの ほんを かったよ

400えん はらう

くさむしりの ろうどうを したよ

草むしり 5級

3000えん もらう

おすしの つめあわせ を かったよ

1200えん はらう

ろうやに とじこめ られちゃった

1かい やすみ

シールはりの ろうどうを したよ

ペタ

1000えん もらう

やきんで さいしゅの ろうどうを したよ

ふぁ ア‥‥

4000えん もらう

みんなで あさていしょくを たべたよ

600えん はらう

4. とまった マスに かかれた しじに したがおう。

5. さきに ゴールした ひとは もうひとりから 100えん もらえるよ。
   ゴール したとき もっている おかねの きんがくが おおきい ひとが かちだよ!

☆ ゴールは ぴったりの かずで とまらなくても いい。

つぎのページにつづく

おうちのかたへ
このすごろくは、お買い物体験はもちろん、報酬を得てお金が増える楽しさも体験できます。都度、足し算やおつりの計算もするので、本の内容の理解度がわかります。途中でお金カードがなくなってしまったら、労働（お手伝い）をしたら○○円もらえるなど、マイルールを作って遊ぶのもいいですね。

むちゃフェスで
ししょく したよ

チャッ
チャッ

むりょう

プレゼントに
クッキーを かったよ

650えんはらう

しかくを とって
ほうしゅうが ふえたよ

はい
報酬

5000えんもらう

とうばつで
けがを して
くすりを かったよ

900えんはらう

めざましどけいを
かったよ

2200えんはらう

※ きのこに
きせい されちゃった…

1かい
やすみ

※ほかの せいぶつに とりつく などして
えいようを とりこむこと。

ゴール

とうばつぼうを
かったよ

3500えんはらう

まえのページのつづき

こたえあわせ

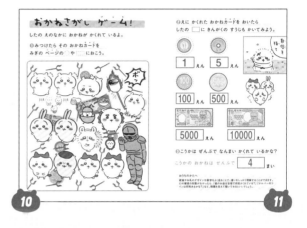

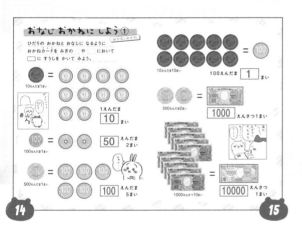

こたえあわせ

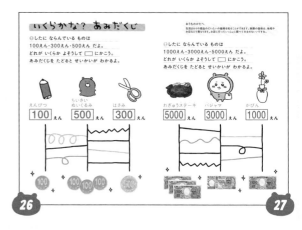

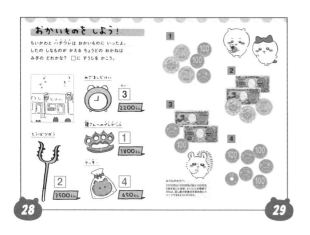

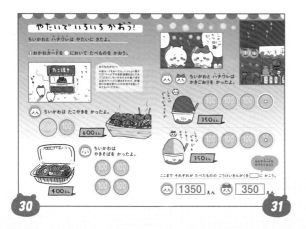

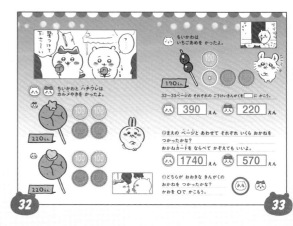

Page 34-35

ラーメンを たべに いこう！

ちいかわたちは ラーメンを たべに
「節」へ いった。

①ラーメンは 1ぱい 800えん。
ちょうどの おかねカードを
◯に おいて しはらいを しよう。

800えん

②うさぎは 1000えん もって いるよ。
ラーメンの おかねを しはらったら のこりは いくらかな？

1000えん　100えん

は 100が 10まい

その かずの 100の おかねカードを ならべてみよう。

ならべたものから 800えんぶんの おかねカードを とろう。

800えんは 100の おかねカードが **8**まい

のこった 100は **2**まい

のこりは **200**えん

Page 36-37

③ちいかわと ハチワレは おかねを あわせて はらったよ。
2はいぶんの ラーメンの きんがくは いくらかな？
したの おかねカードを かぞえて □に すうじを かこう。

100は ぜんぶで **16**まい

1と 100 **6**まいなので

2はいぶんの ラーメンの おかねは **1600**えん

いい おかねの はらいかたは どれ？

おみせに いったときの おかねの はらいかたは どれかな。
いいもの ぜんぶの ◯に ◯を かこう。

□ てんいんさんに いわれたら はらう。	◯ きんがくを かくにんして はらう。
□ れつを むしして はらう。	◯ ありがとうと いって はらう。

Page 38-39

たりない おかねは いくら？

①さいふの おかねが 100えんに なるくらい
□に おかねカードを おこう。

②くだものを 500えんぶん かいに きたよ。
ちょうど 500えんに なるように □に
おかねカードを おこう。

もも2こ　= 500えん

りんご3こ　= 500えん

レモン4こ　= 500えん

Page 43

②『プリン』と『ブロッコリー』と『ゼリー』の
おかいものカードを やすいものの じゅんに ならべよう。

プリン 203えん	ブロッコリー 210えん	ゼリー 248えん

③『にんじん』と『さつまいも』は あわせて いくら？
おかねカードを おいて □に きんがくを かこう。
おつりの きんがくも □に かこう。

にんじん

さつまいも

あわせて **493**えん　で しはらうと おつりは **7**えん

Page 44

ほうしゅうを もらおう！

ちいかわたちは ろうどうを すると もらえる
ほうしゅう（おかね）で くらして いるよ。

①ちいかわたちが した ろうどうは どれかな？
□を よんで ＊と＊を せんで むすぼう。

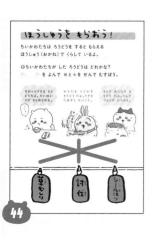

Page 47

ろうどうの ために いいことは どれ？

ろうどうを するときに いいことは どれかな？
いいもの ぜんぶの ◯に ◯を かこう。

◯ よくできる ひとに おしえて もらう。	◯ しかくの べんきょうを する。
◯ ときどき いきぬき する。	◯ たいへんな ときは たすけあう。

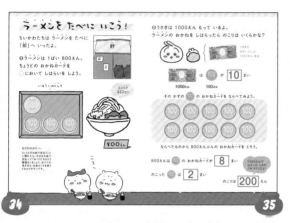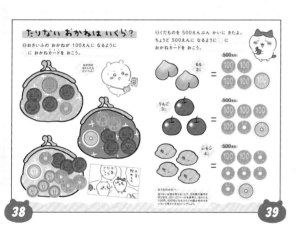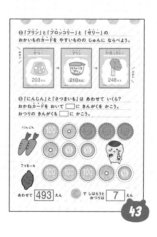

おうちのかたへ

なぜ「ちいかわ」でお金のドリルなのか!?
ちいかわファンならピンとくるはずです。ちいかわのストーリーには、労働をして労働の鎧さんから報酬をもらい、ラーメンの鎧さんのお店「郎」へ行って、ラーメンをおいしそうに食べたりするシーンがたくさん出てきます。そうです！ お金ととても相性のいいキャラクターたちなのです。
この本では、ちいかわの世界に入り込んだ気分で、数字や数のまとまり、繰り上がりといった算数の基礎が学べます。それだけにとどまらず、お金の本質である「誰かのお役に立つとお金がもらえる」こと、みんなの労働がみんなの暮らしを支えていることも、親子で楽しみながら学べます。
そして、ちいかわファンにはたまらない、ポシェットの鎧さんの「くまさんポシェット風 さいふ」や、「ちいかわ おかねカード」もついていますので、これらを使って楽しくゲームしたり、ごっこ遊びができます。
キャッシュレス時代、紙幣や硬貨でお買い物をする機会も減りました。金銭教育は、早ければ早いほど身につきやすいもの。将来、貯蓄や投資、社会保険といったテーマに苦手意識なく向き合えるよう、ぜひこの本で、「感謝の対価」としてのお金となかよくなれる子に育ててください。

ファイナンシャルプランナー
監修／山口京子

金城学院大学卒。家計管理、貯蓄・資産運用のプロフェッショナルとして、金融庁、日本証券業協会、東京証券取引所の講演会にも出演。テレビ、新聞などでも活躍。小学校でお金の授業、高校生と保護者向けにお金の正しい知識を伝える活動も。著書に『貯金ゼロから始める「新へそくり生活」のススメ』（プレジデント社）など多数。

ちいかわ
おかねのドリル
入学準備～小学1年

イラスト　ナガノ
監　修　山口京子
編集人　芦川明代
発行人　倉次辰男
発行所　株式会社主婦と生活社
　　　　〒104-8357　東京都中央区京橋3-5-7
　　　　編集　03-3563-5133
　　　　販売　03-3563-5121
　　　　生産　03-3563-5125
　　　　ホームページ　https://www.shufu.co.jp
製版所　東京カラーフォト・プロセス株式会社
印刷所・製本所　大日本印刷株式会社

staff
デザイン　前原香織（MMMorph）、發田麻里
撮　影　有馬貴子
図面制作　加藤浩志（アイ・シー・イー）
校　閲　株式会社文字工房燦光
協　力　株式会社スパイラルキュート、斉藤正次、櫻井恵海
編　集　荒井美穂

＊製本にはじゅうぶん配慮しておりますが、落丁・乱丁がありましたら、小社生産部にお送りください。送料小社負担にてお取り替えいたします。
＊Ⓡ本書の全部または一部を複写複製（電子化を含む）することは、著作権法上の例外を除き、禁じられています。本書をコピーされる場合は、事前に日本複製権センター（JRRC）の許諾を受けてください。また、本書を代行業者等の第三者に依頼してスキャンやデジタル化することは、たとえ個人や家庭内での利用であっても一切認められておりません。　＊JRRC（https://jrrc.or.jp　Eメール：jrrc_info@jrrc.or.jp　☎ 03-6809-1281）

ちいかわ
くまさんポシェットふ、う
さいふ、

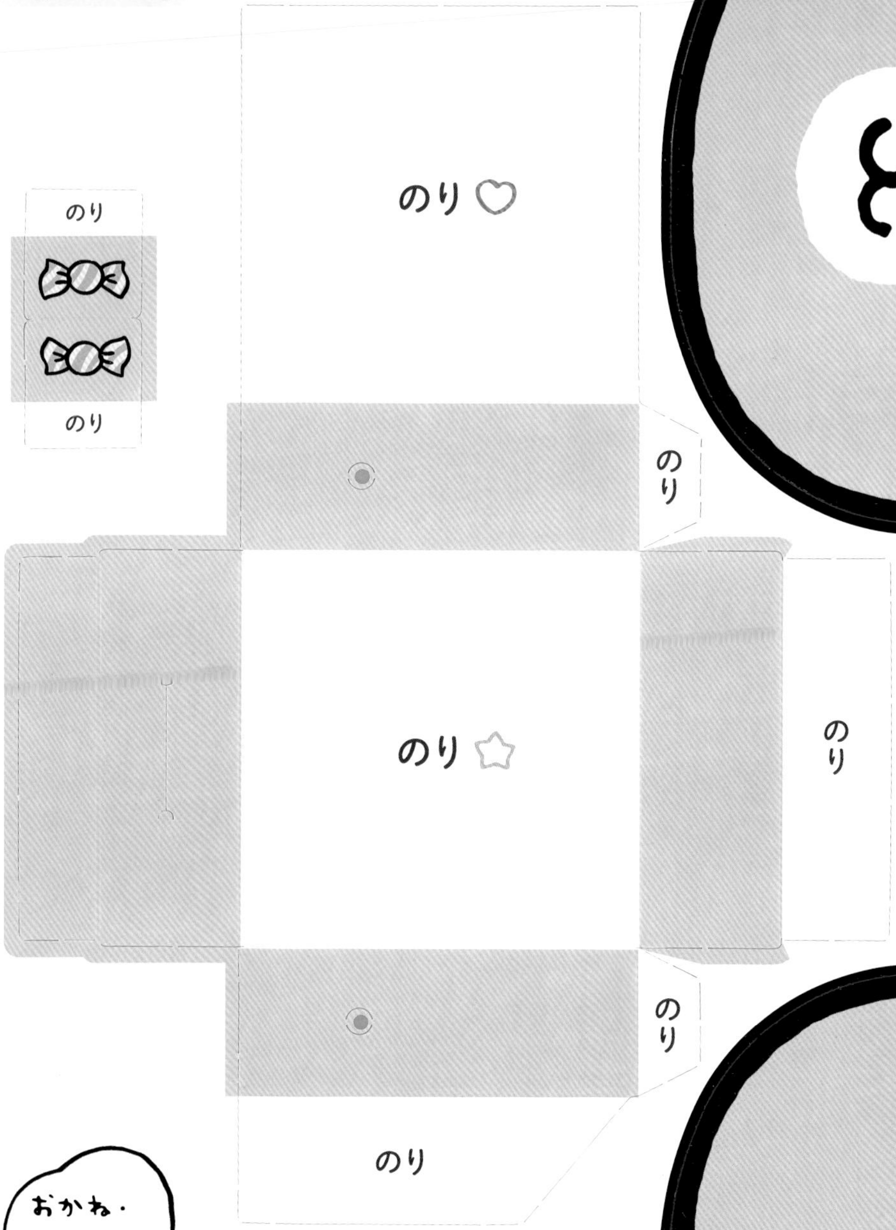

のり♡

のり

のり

のり☆

のり

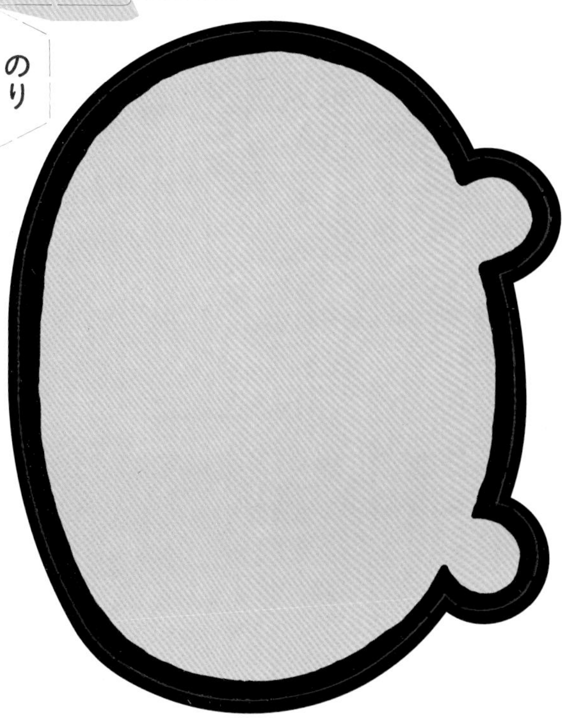

のり

のり

おかね・
おかいもの
すごろく

サイコロ
カード

コマ

2マス
すすむ

©nagano

のり ♡

のり ☆

3マス すすむ